现代

自建小别墅
VR效果图

墨禾光影空间设计工作室　著

U0253530

江苏凤凰美术出版社

图书在版编目（CIP）数据

现代自建小别墅VR效果图 / 墨禾光影空间设计工作室著. -- 南京：江苏凤凰美术出版社，2024. 7.
ISBN 978-7-5741-1885-0

Ⅰ. TU241.1-64

中国国家版本馆CIP数据核字第20245PU696号

出 版 统 筹　王林军
策 划 编 辑　杜玉华
责 任 编 辑　李秋瑶
责任设计编辑　赵　秘
装 帧 设 计　毛欣明
责 任 校 对　唐　凡
责 任 监 印　唐　虎

书　　　名　现代自建小别墅VR效果图
著　　　者　墨禾光影空间设计工作室
出 版 发 行　江苏凤凰美术出版社（南京市湖南路1号　邮编：210009）
总 经 销　天津凤凰空间文化传媒有限公司
印　　　刷　雅迪云印（天津）科技有限公司
开　　　本　787 mm×1 092 mm　1/16
印　　　张　10.5
版　　　次　2024年7月第1版
印　　　次　2024年7月第1次印刷
标 准 书 号　ISBN 978-7-5741-1885-0
定　　　价　136.00元

营销部电话　025-68155675　营销部地址　南京市湖南路1号
江苏凤凰美术出版社图书凡印装错误可向承印厂调换

前言

　　如果您拥有一块可以用来盖房子的土地，有一个别墅梦，那么，本书或许能够帮到您。

　　如何建一栋称心如意的别墅呢？

　　本书精选了六十个经典实用的别墅设计案例，按照层数一层、两层、三层分为三个部分，每个案例都配有不同角度的外观效果图和各层平面图。

　　为了更好地向您展示别墅外观全景，每个案例还配备了一个二维码，扫码可以看到该别墅外观的 VR 全景展示效果。

　　希望本书能为您的别墅设计提供参考！

墨禾光影空间设计工作室

2024 年 3 月

目录

ONE
——
STOREY
——
VILLA
——
DESIGN

一层别墅设计

01

ONE
STOREY
VILLA
DESIGN

一层别墅设计

扫码观看
外观全景效果图

层数：1层

面宽：10.5 m

进深：9.5 m

占地面积：100 m²

建筑面积：90 m²

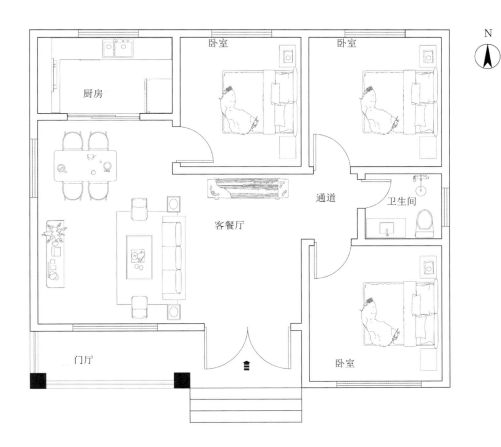

平面图

ONE
STOREY
VILLA
DESIGN

一层别墅设计

扫码观看
外观全景效果图

层数：1 层

面宽：11.5 m

进深：10.5 m

占地面积：120 m²

建筑面积：110 m²

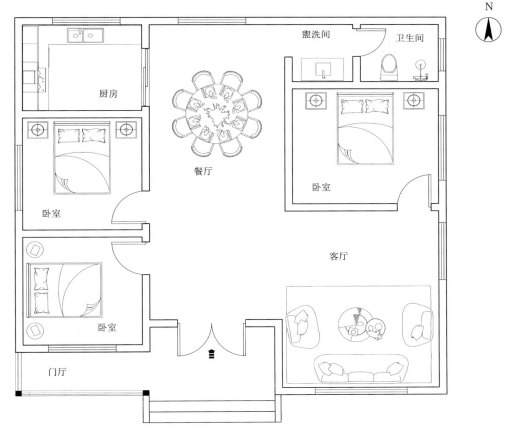

盥洗间

卫生间

厨房

餐厅

卧室

卧室

卧室

客厅

门厅

N

平面图

03

ONE
STOREY
VILLA
DESIGN

一层别墅设计

扫码观看
外观全景效果图

层数：1 层

面宽：17 m

进深：22.5 m

占地面积：403 m²

建筑面积：228 m²

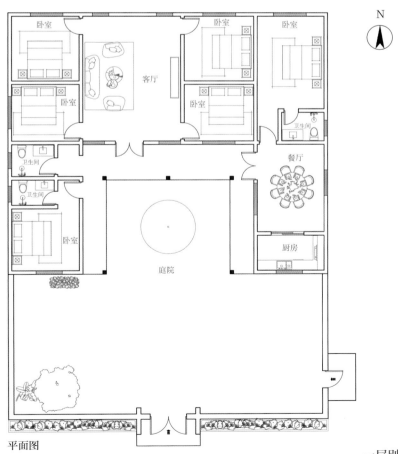

卧室　　　　　卧室　　　卧室

客厅

卧室　　　　卧室

卫生间

餐厅

卫生间

卧室

卫生间

庭院

厨房

N

平面图

04

ONE
|
STOREY
|
VILLA
|
DESIGN

一层别墅设计

扫码观看
外观全景效果图

层数：1 层

面宽：12.5 m

进深：10 m

占地面积：125 m^2

建筑面积：83 m^2

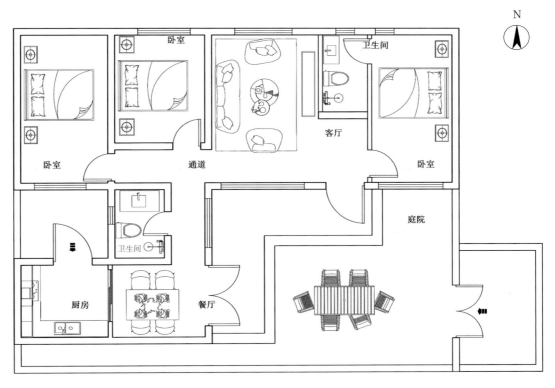

平面图

05

ONE
—
STOREY
—
VILLA
—
DESIGN

一层别墅设计

扫码观看
外观全景效果图

层数：1 层

面宽：18 m

进深：15 m

占地面积：277 m²

建筑面积：220 m²

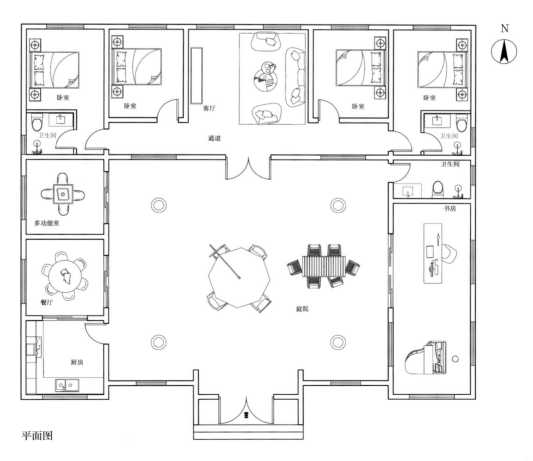

平面图

TWO

STOREY

VILLA

DESIGN

两层别墅设计

06

两层别墅设计

扫码观看
外观全景效果图

层数：2 层

面宽：13 m

进深：12.5 m

占地面积：151 m²

建筑面积：287 m²

N

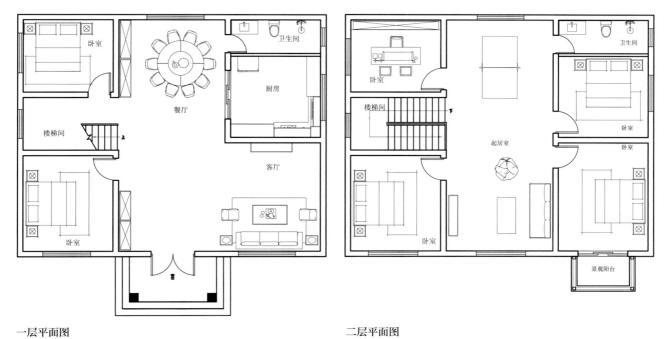

一层平面图

二层平面图

TWO
|
STOREY
|
VILLA
|
DESIGN

两层别墅设计

扫码观看
外观全景效果图

层数：2 层

面宽：22 m

进深：10.5 m

占地面积：217 m²

建筑面积：393 m²

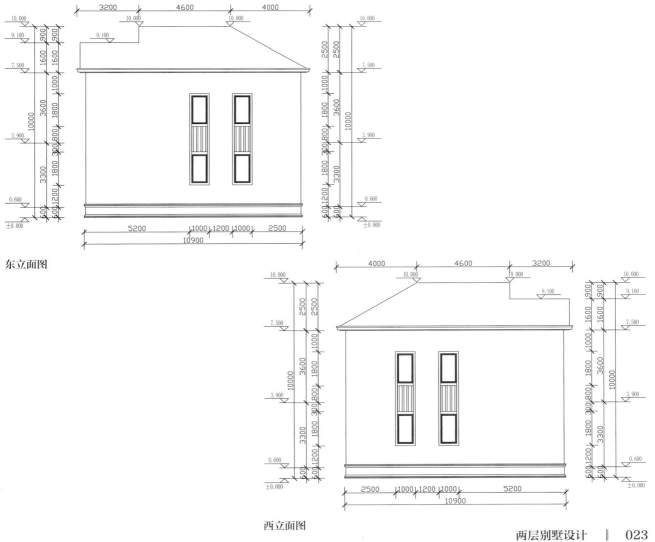

东立面图

西立面图

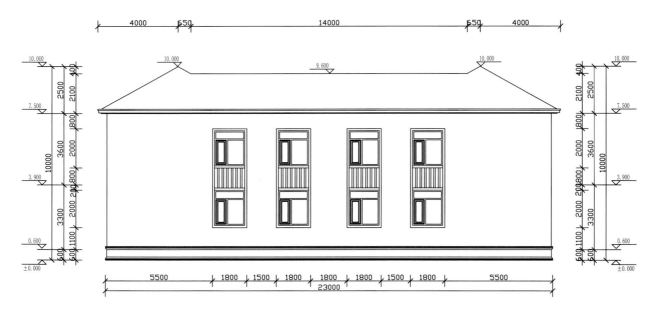

北立面图

南立面图

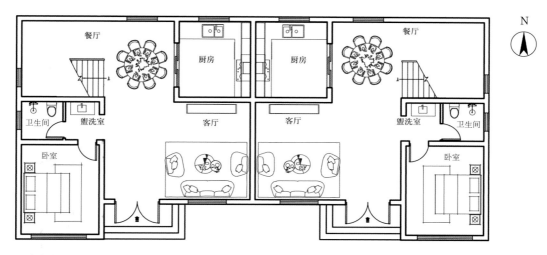

N

一层平面图

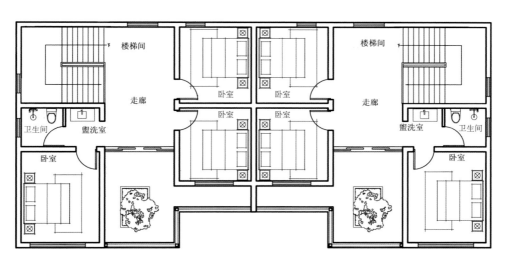

二层平面图

08

TWO
|
STOREY
|
VILLA
|
DESIGN

两层别墅设计

扫码观看
外观全景效果图

层数：2 层

面宽：13 m

进深：14 m

占地面积：169 m²

建筑面积：322 m²

N

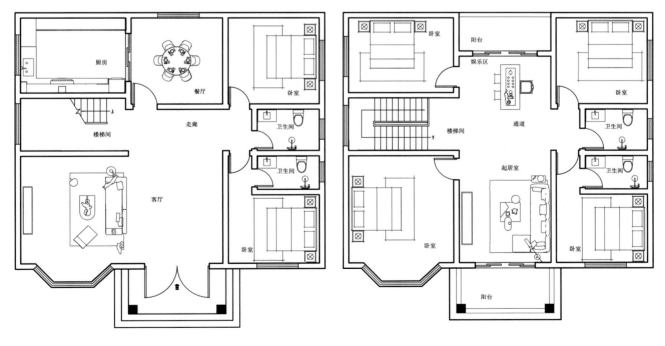

一层平面图

二层平面图

09

TWO
—
STOREY
—
VILLA
—
DESIGN

两层别墅设计

扫码观看
外观全景效果图

层数：2 层

面宽：12.5 m

进深：12.5 m

占地面积：156 m²

建筑面积：247 m²

N

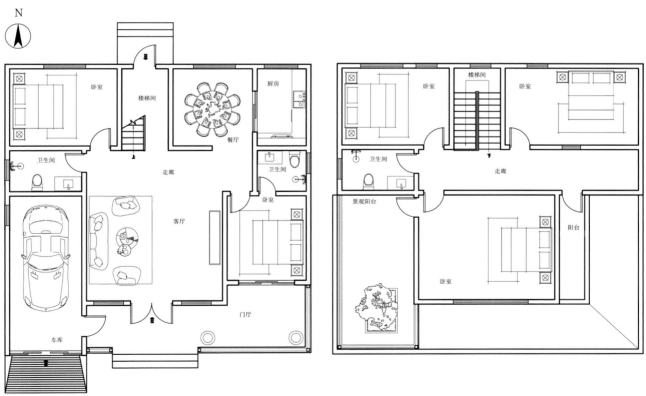

一层平面图   二层平面图

TWO
—
STOREY
—
VILLA
—
DESIGN

两层别墅设计

层数：2 层

面宽：15.5 m

进深：12.5 m

占地面积：204 m²

建筑面积：385 m²

N

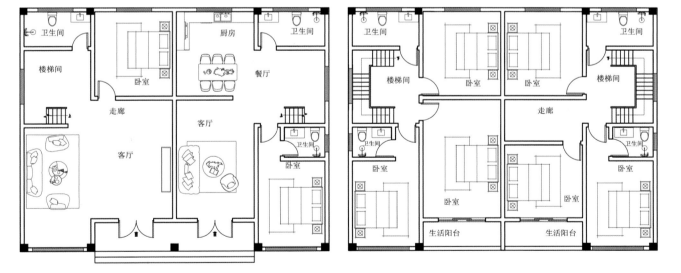

一层平面图

二层平面图

11

TWO
—
STOREY
—
VILLA
—
DESIGN

两层别墅设计

扫码观看
外观全景效果图

层数：2 层

面宽：12.5 m

进深：12 m

占地面积：137 m²

建筑面积：274 m²

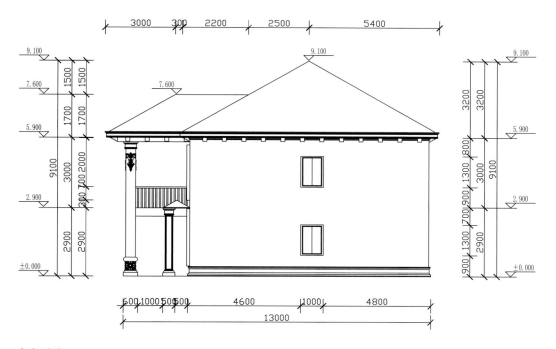

东立面图

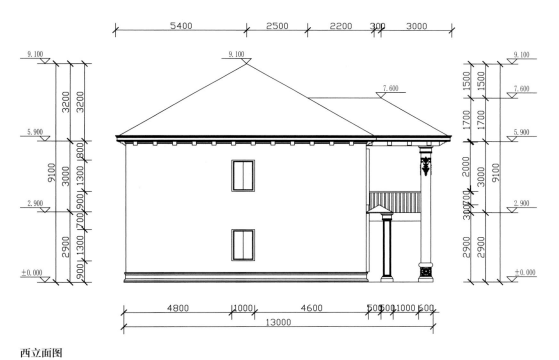

西立面图

南立面图

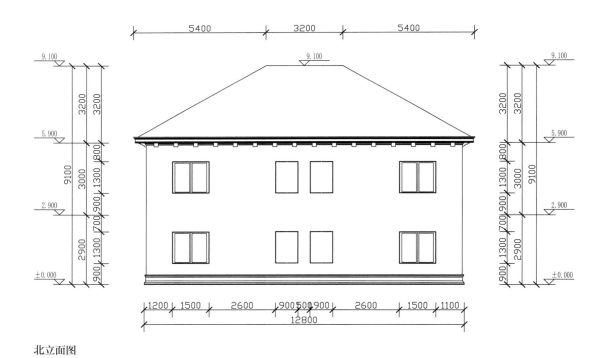

北立面图

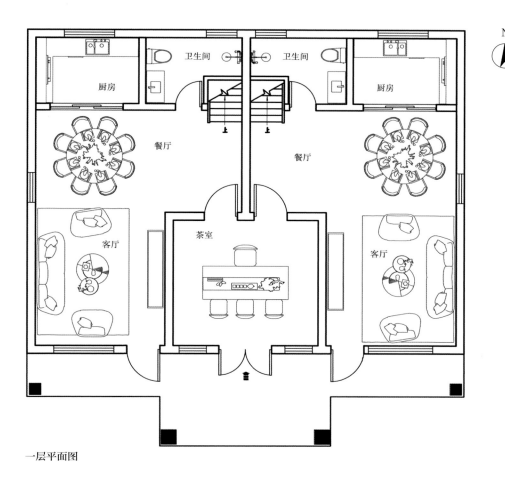

N

厨房　　卫生间　卫生间　　厨房

餐厅　　　　　　餐厅

客厅　　茶室　　客厅

一层平面图

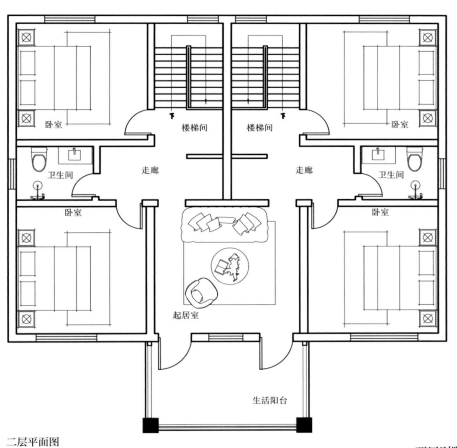

卧室　　楼梯间　楼梯间　　卧室

卫生间　走廊　　　走廊　　卫生间

卧室　　　　　　　　　　　卧室

起居室

生活阳台

二层平面图

12

TWO
—
STOREY
—
VILLA
—
DESIGN

两层别墅设计

扫码观看
外观全景效果图

层数：2 层

面宽：14.5 m

进深：8 m

占地面积：112 m²

建筑面积：210 m²

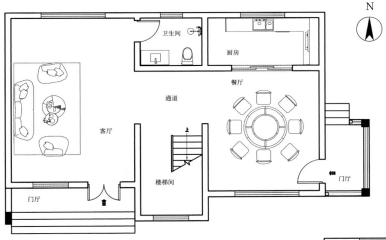

N

一层平面图

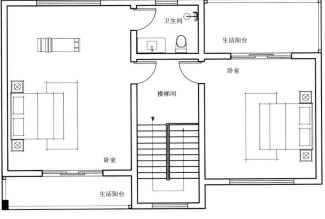

二层平面图

13

两层别墅设计

扫码观看
外观全景效果图

层数：2 层

面宽：12.5 m

进深：16.5 m

占地面积：216 m²

建筑面积：262 m²

N

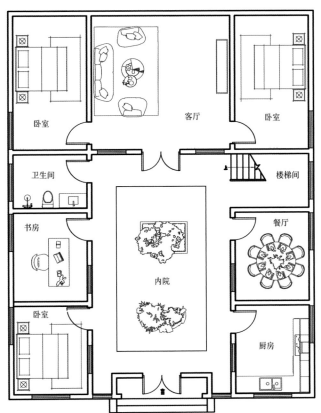

一层平面图

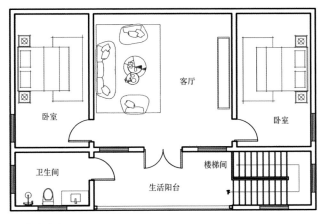

二层平面图

TWO
STOREY
VILLA
DESIGN

两层别墅设计

扫码观看
外观全景效果图

层数：2层

面宽：20.5 m

进深：11.5 m

占地面积：177 m²

建筑面积：275 m²

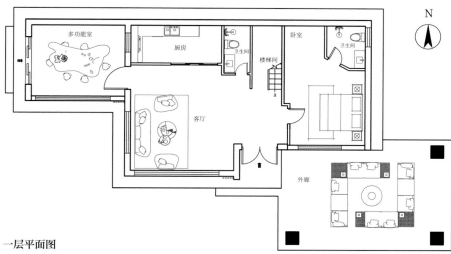

多功能室

厨房

卫生间

卧室

楼梯间

卫生间

客厅

外廊

一层平面图

N

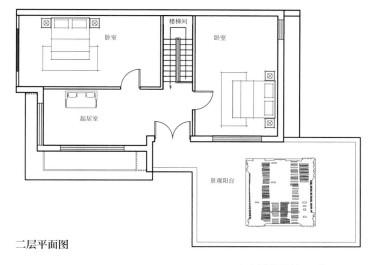

楼梯间

卧室

卧室

起居室

景观阳台

二层平面图

15

TWO
|
STOREY
|
VILLA
|
DESIGN

两层别墅设计

扫码观看
外观全景效果图

层数：2 层

面宽：13 m

进深：14 m

占地面积：175 m²

建筑面积：332 m²

N

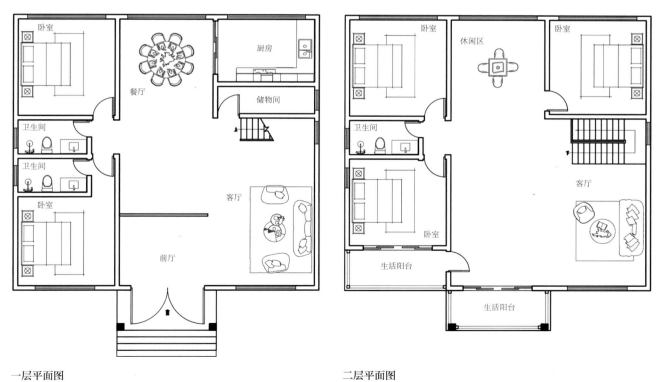

一层平面图　　　　　　　　　　　二层平面图

TWO
|
STOREY
|
VILLA
|
DESIGN

两层别墅设计

扫码观看
外观全景效果图

层数：2 层

面宽：14 m

进深：13.5 m

占地面积：189 m²

建筑面积：318 m²

N

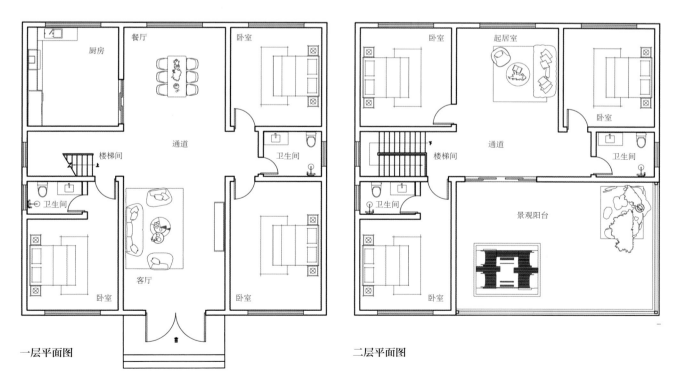

一层平面图

二层平面图

17

TWO
|
STOREY
|
VILLA
|
DESIGN

两层别墅设计

扫码观看
外观全景效果图

层数：2 层

面宽：11 m

进深：11.5 m

占地面积：110 m²

建筑面积：205 m²

N

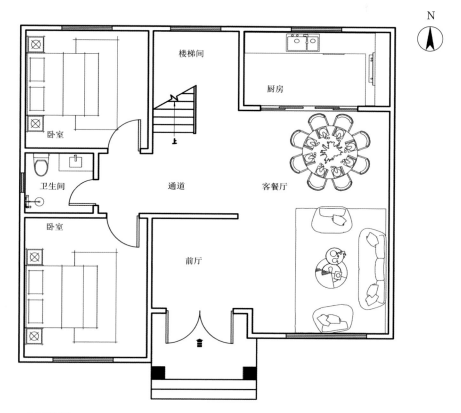

一层平面图

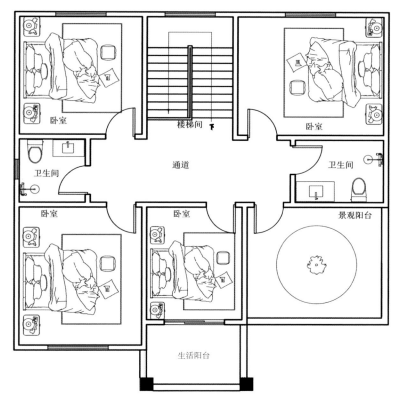

二层平面图

18

TWO
—
STOREY
—
VILLA
—
DESIGN

两层别墅设计

**扫码观看
外观全景效果图**

层数：2 层

面宽：13.5 m

进深：14.5 m

占地面积：162 m²

建筑面积：324 m²

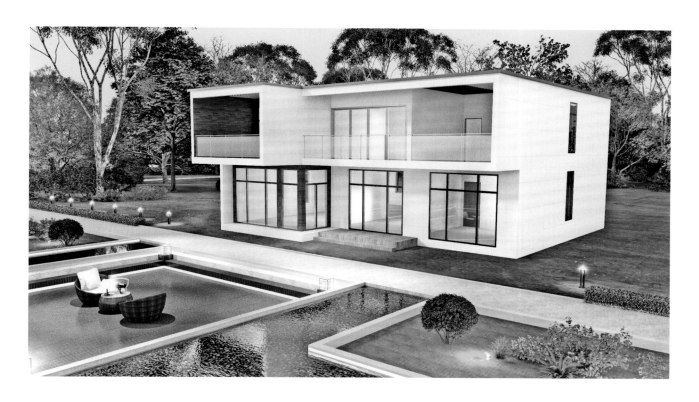

N

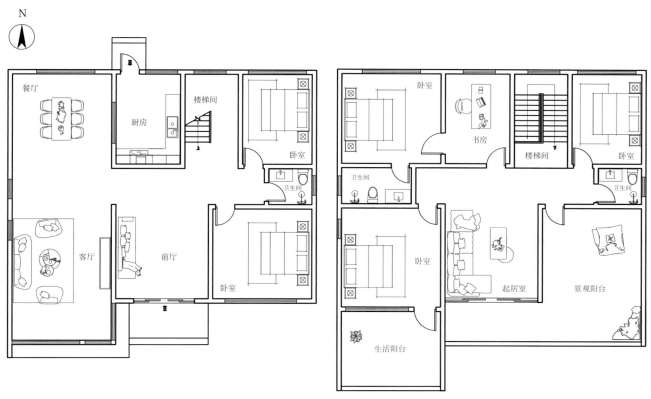

一层平面图   二层平面图

TWO
|
STOREY
|
VILLA
|
DESIGN

两层别墅设计

扫码观看
外观全景效果图

层数：2 层

面宽：9 m

进深：10.5 m

占地面积：94.5 m²

建筑面积：148 m²

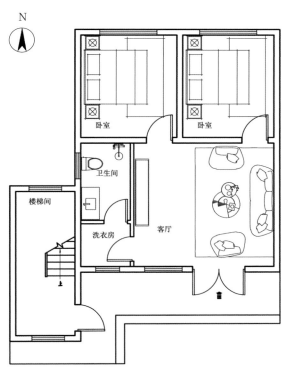

一层平面图

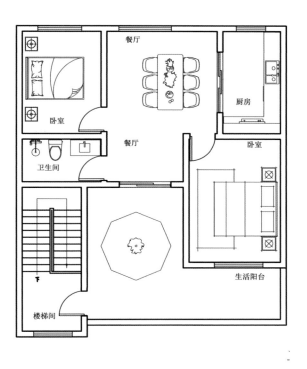

二层平面图

TWO
STOREY
VILLA
DESIGN

两层别墅设计

扫码观看
外观全景效果图

层数：2 层

面宽：11.5 m

进深：14 m

占地面积：174 m²

建筑面积：287 m²

N

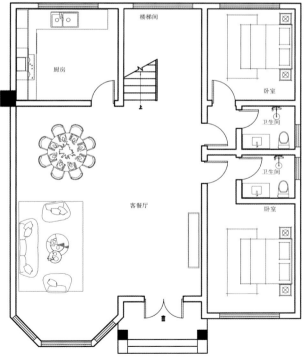

一层平面图

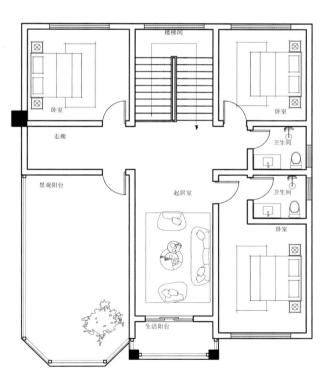

二层平面图

TWO
|
STOREY
|
VILLA
|
DESIGN

两层别墅设计

扫码观看
外观全景效果图

层数：2 层

面宽：13.5 m

进深：13.5 m

占地面积：172m²

建筑面积：299 m²

N

一层平面图

二层平面图

22

TWO
—
STOREY
—
VILLA
—
DESIGN

两层别墅设计

扫码观看
外观全景效果图

层数：2 层

面宽：15.5 m

进深：13 m

占地面积：190 m²

建筑面积：349 m²

N

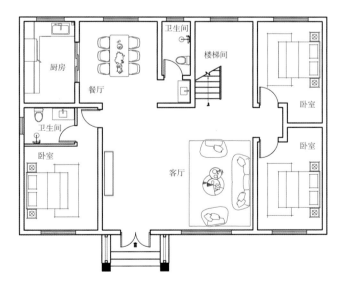

一层平面图

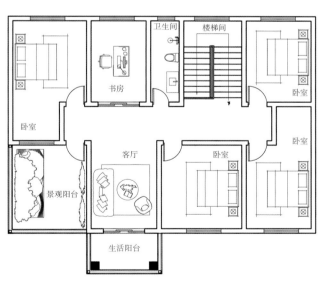

二层平面图

23

两层别墅设计

扫码观看
外观全景效果图

层数：2 层

面宽：15.5 m

进深：10.5 m

占地面积：135 m²

建筑面积：244 m²

N

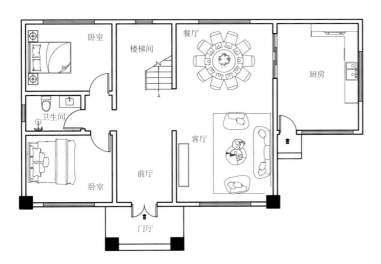

一层平面图

二层平面图

24

TWO
|
STOREY
|
VILLA
|
DESIGN

两层别墅设计

扫码观看
外观全景效果图

层数：2 层

面宽：16.5 m

进深：13.5 m

占地面积：196 m²

建筑面积：354 m²

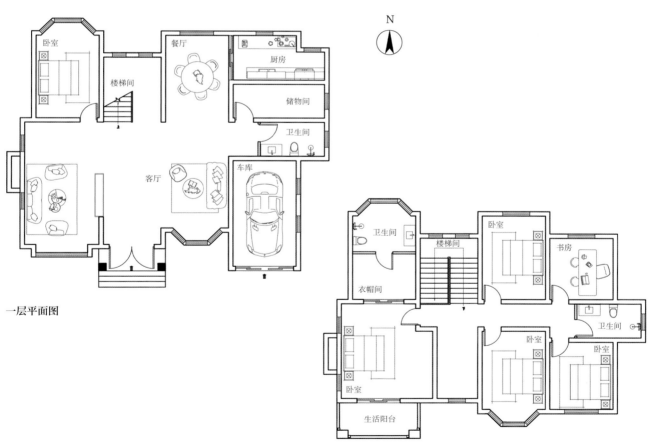

一层平面图

二层平面图

TWO
—
STOREY
—
VILLA
—
DESIGN

两层别墅设计

扫码观看
外观全景效果图

层数：2 层

面宽：11.5 m

进深：11.5 m

占地面积：116 m²

建筑面积：208 m²

N

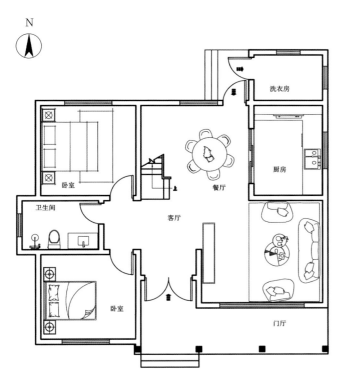

一层平面图

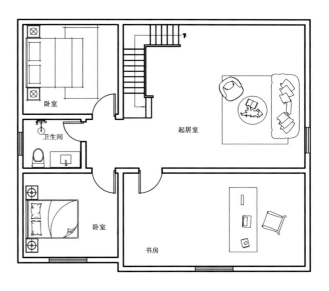

二层平面图

26

TWO
—
STOREY
—
VILLA
—
DESIGN

两层别墅设计

扫码观看
外观全景效果图

层数：2 层

面宽：12 m

进深：14 m

占地面积：168 m²

建筑面积：291 m²

N

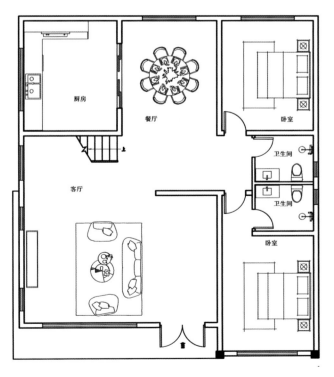

一层平面图

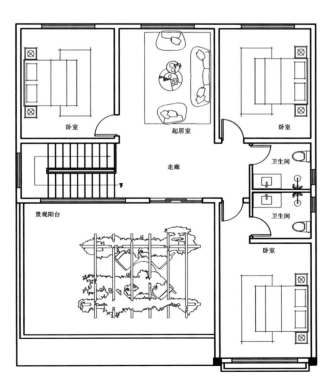

二层平面图

27

两层别墅设计

扫码观看
外观全景效果图

层数：2 层

面宽：8 m

进深：12 m

占地面积：99 m²

建筑面积：187 m²

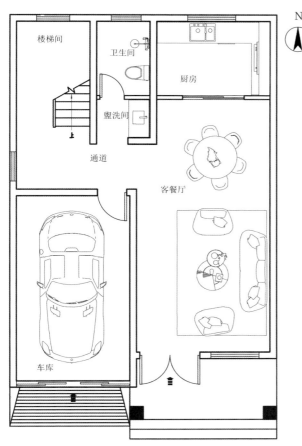

一层平面图

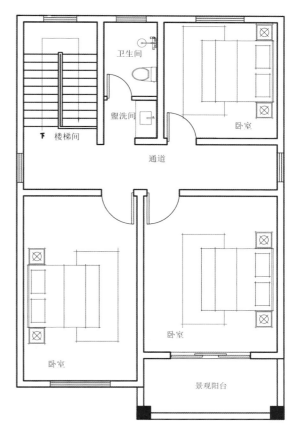

二层平面图

28

TWO
—
STOREY
—
VILLA
—
DESIGN

两层别墅设计

扫码观看
外观全景效果图

层数：2 层

面宽：11 m

进深：9 m

占地面积：106.5m²

建筑面积：177 m²

N

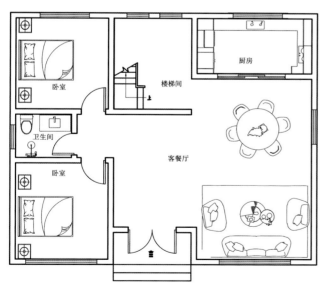

一层平面图

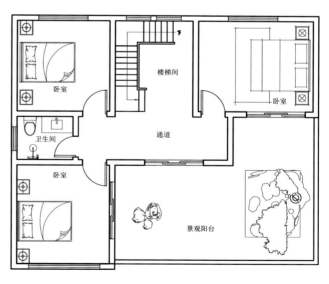

二层平面图

29

两层别墅设计

扫码观看
外观全景效果图

层数：2 层

面宽：10 m

进深：12.5 m

占地面积：117 m²

建筑面积：233 m²

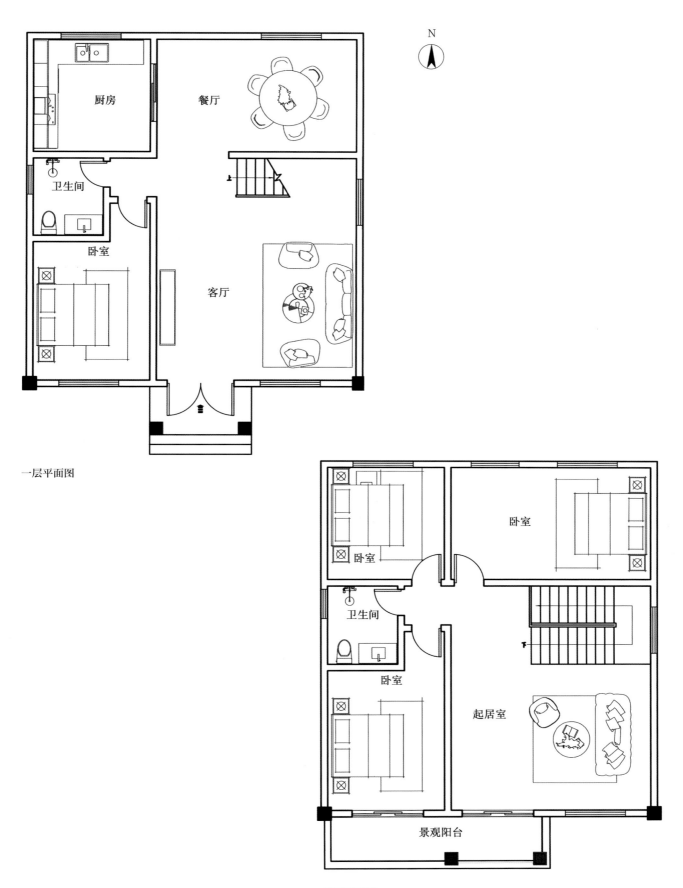

N

一层平面图

二层平面图

厨房

餐厅

卫生间

卧室

客厅

卧室

卧室

卫生间

卧室

起居室

景观阳台

30

两层别墅设计

扫码观看
外观全景效果图

层数：2 层

面宽：14 m

进深：10 m

占地面积：124 m^2

建筑面积：187 m^2

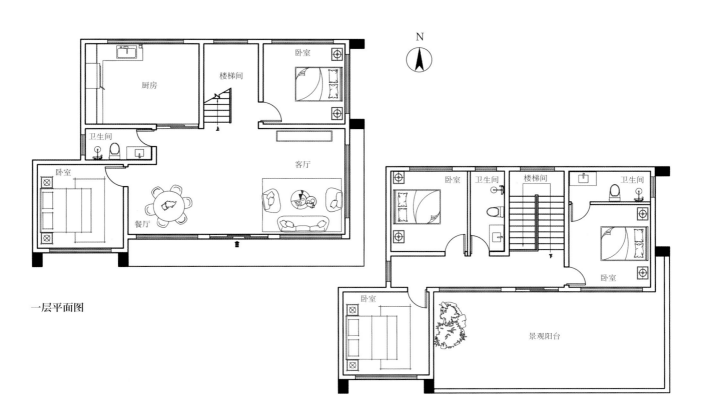

N

厨房

楼梯间

卧室

卫生间

卧室

餐厅

客厅

一层平面图

卧室

卫生间

楼梯间

卫生间

卧室

卧室

景观阳台

二层平面图

31

两层别墅设计

扫码观看
外观全景效果图

层数：2 层

面宽：10 m

进深：10 m

占地面积：99 m²

建筑面积：188 m²

N

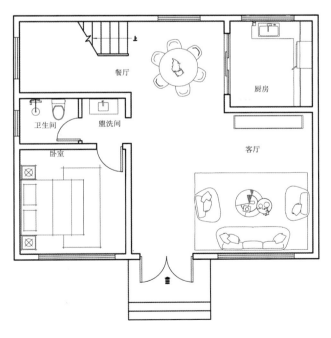

一层平面图

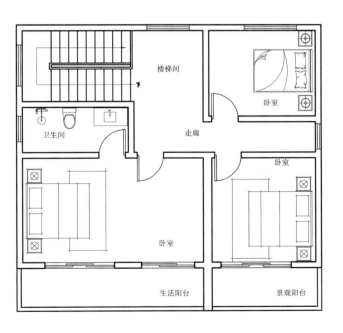

二层平面图

32

两层别墅设计

扫码观看
外观全景效果图

层数：2层

面宽：12 m

进深：9 m

占地面积：101 m²

建筑面积：190 m²

N

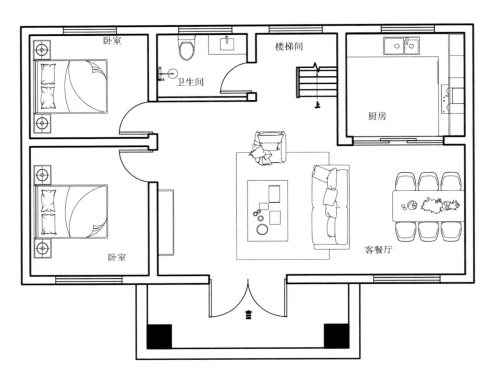

卧室

卫生间

楼梯间

厨房

卧室

客餐厅

一层平面图

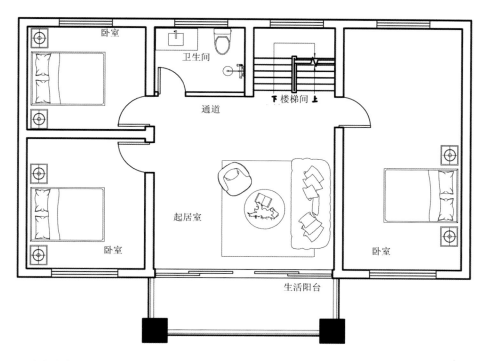

卧室

卫生间

楼梯间

通道

起居室

卧室

卧室

生活阳台

二层平面图

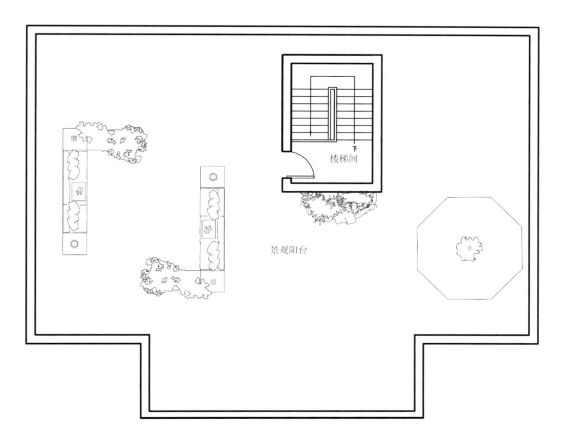

楼梯间

景观阳台

屋顶花园平面图

33

TWO
STOREY
VILLA
DESIGN

两层别墅设计

扫码观看
外观全景效果图

层数：2 层

面宽：14.5 m

进深：11.5 m

占地面积：149 m²

建筑面积：270 m²

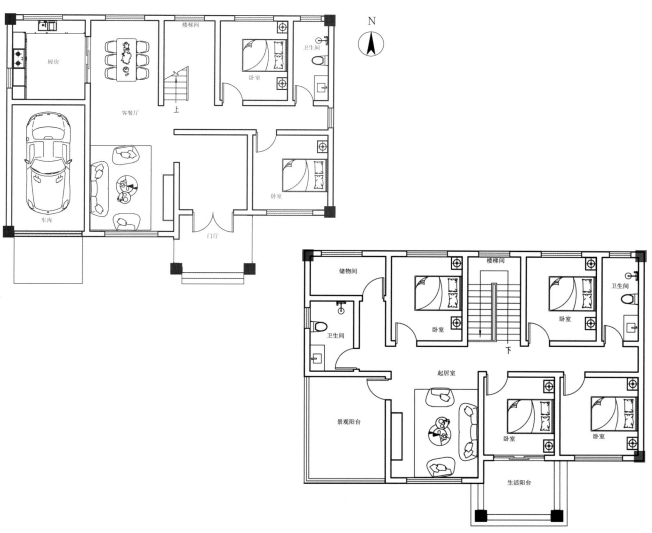

厨房

客餐厅

车库

门厅

楼梯间

上

卧室

卫生间

卧室

N

储物间

卧室

楼梯间

卫生间

卧室

卫生间

下

卫生间

景观阳台

起居室

卧室

卧室

生活阳台

三层别墅设计

34

THREE

STOREY

VILLA

DESIGN

三层别墅设计

扫码观看
外观全景效果图

层数：3 层

面宽：12 m

进深：9 m

占地面积：101 m²

建筑面积：271 m²

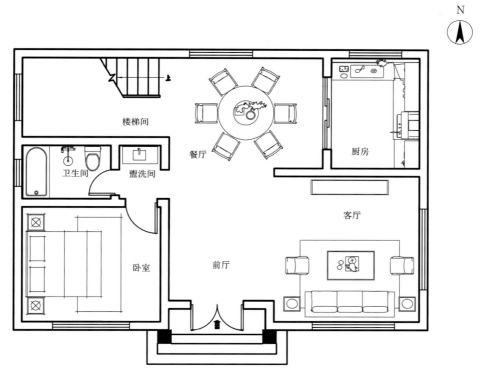

楼梯间

餐厅

厨房

卫生间

盥洗间

客厅

卧室

前厅

N

一层平面图

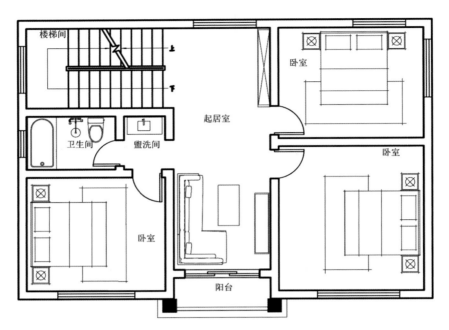

二层平面图

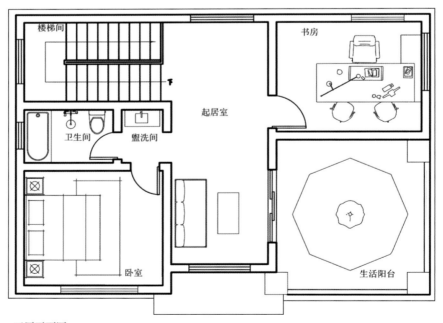

三层平面图

35

THREE
|
STOREY
|
VILLA
|
DESIGN

三层别墅设计

扫码观看
外观全景效果图

层数：3 层

面宽：9 m

进深：11.5 m

占地面积：111 m²

建筑面积：256 m²

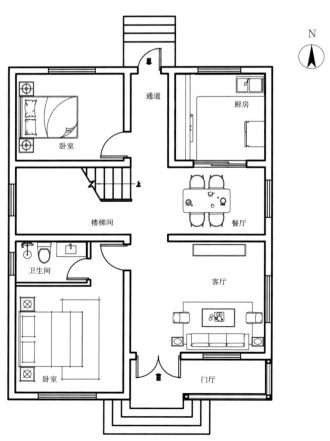

一层平面图

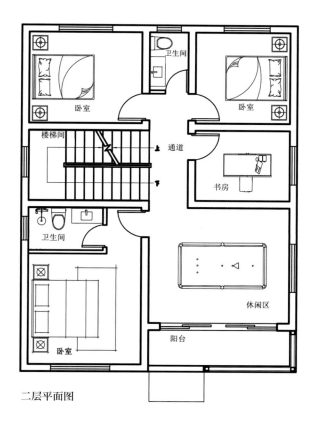

二层平面图

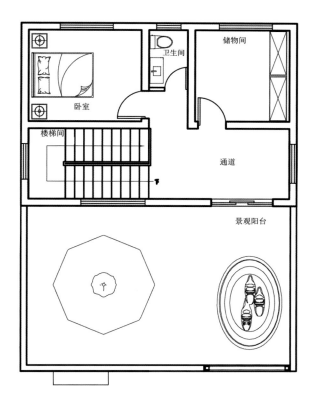

36

三层别墅设计

扫码观看
外观全景效果图

层数：3 层

面宽：13.5 m

进深：10 m

占地面积：141 m²

建筑面积：327m²

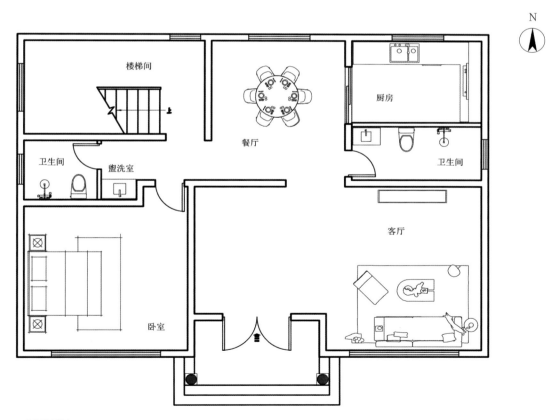

楼梯间

餐厅

厨房

卫生间

盥洗室

卫生间

客厅

卧室

一层平面图

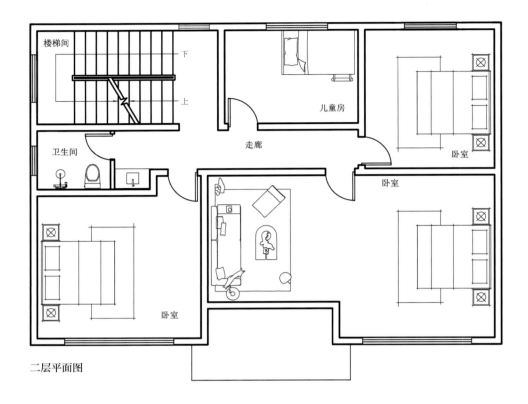

二层平面图

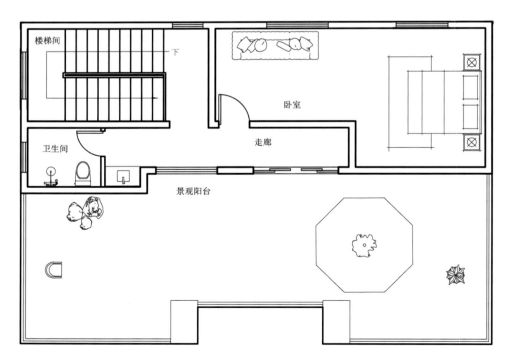

三层平面图

37
THREE
STOREY
VILLA
DESIGN

三层别墅设计

层数：3 层

面宽：8 m

进深：11.5 m

占地面积：88 m²

建筑面积：252 m²

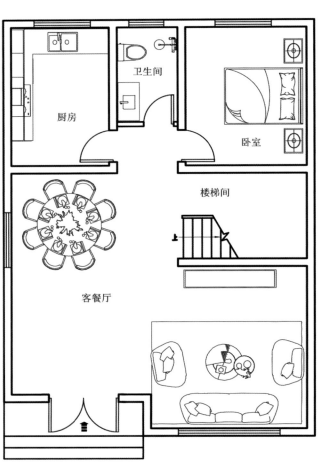

N

卫生间

厨房

卧室

楼梯间

客餐厅

一层平面图

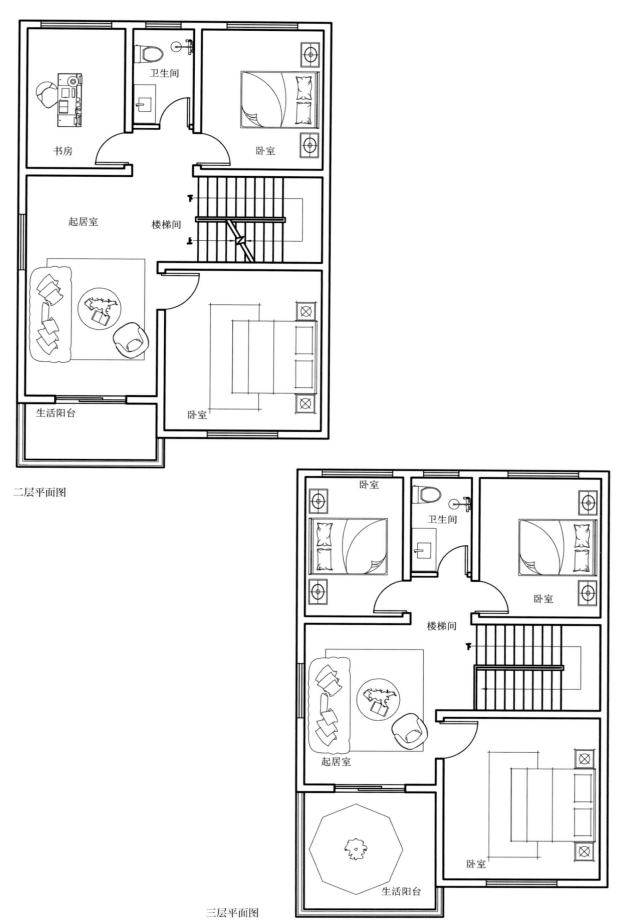

二层平面图

三层平面图

38

THREE
—
STOREY
—
VILLA
—
DESIGN

三层别墅设计

扫码观看
外观全景效果图

层数：3 层

面宽：13.5 m

进深：16 m

占地面积：177 m²

建筑面积：445 m²

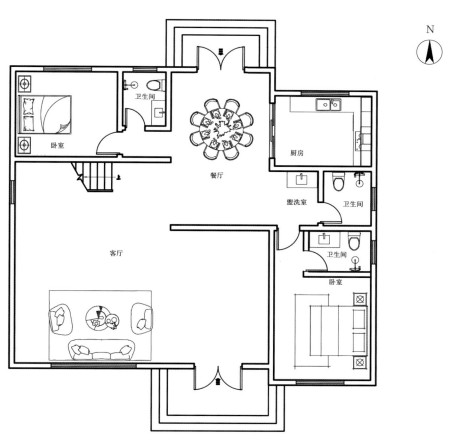

一层平面图

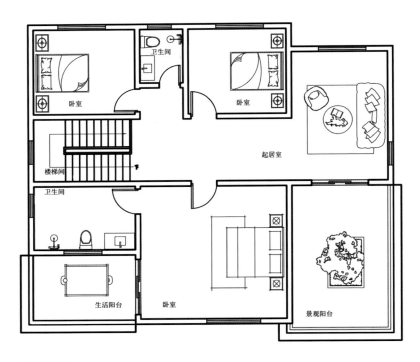

三层平面图

39

THREE
|
STOREY
|
VILLA
|
DESIGN

三层别墅设计

扫码观看
外观全景效果图

层数：3 层

面宽：8 m

进深：10 m

占地面积：88 m²

建筑面积：194 m²

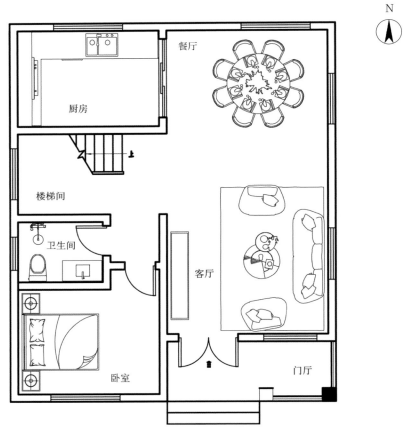

一层平面图

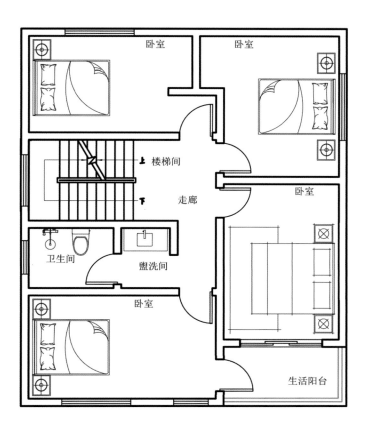

二层平面图

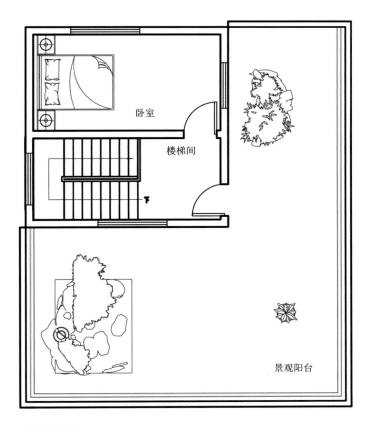

三层平面图

THREE
|
STOREY
|
VILLA
|
DESIGN

三层别墅设计

扫码观看
外观全景效果图

层数：3 层

面宽：10.5 m

进深：10 m

占地面积：109 m²

建筑面积：254 m²

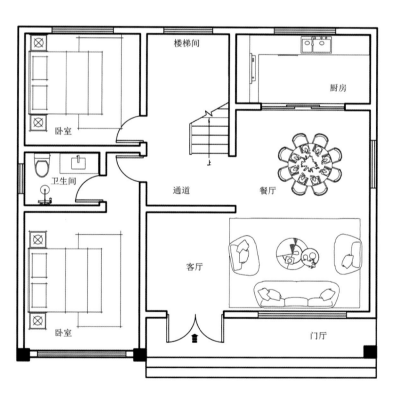

N

楼梯间

厨房

卧室

卫生间

通道

餐厅

客厅

卧室

门厅

一层平面图

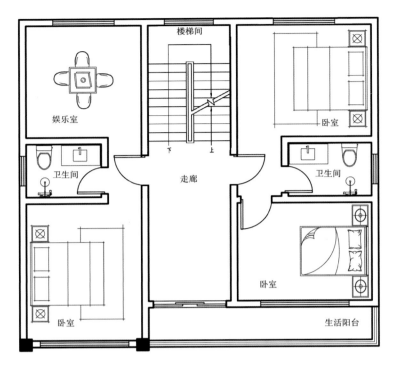

二层平面图

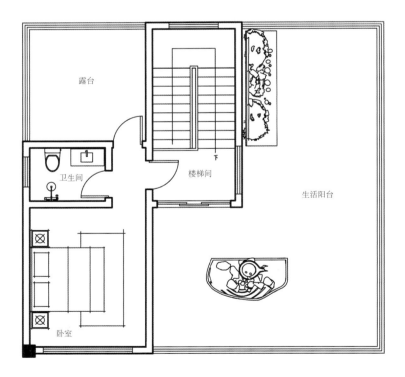

三层平面图

41

THREE
STOREY
VILLA
DESIGN

三层别墅设计

扫码观看
外观全景效果

层数：3 层

面宽：10 m

进深：12.5 m

占地面积：122 m²

建筑面积：290 m²

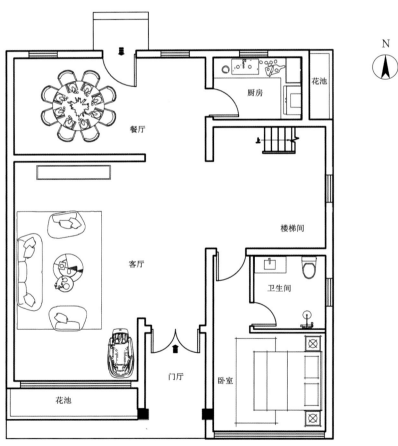

一层平面图

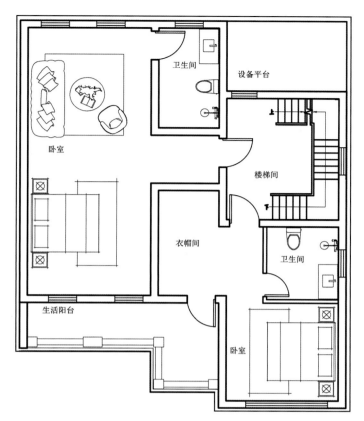

二层平面图

三层平面图

42

THREE
|
STOREY
|
VILLA
|
DESIGN

三层别墅设计

扫码观看
外观全景效果图

层数：3 层

面宽：11 m

进深：13 m

占地面积：136 m²

建筑面积：363 m²

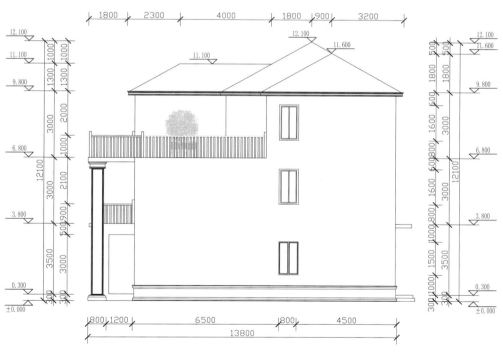

东立面图

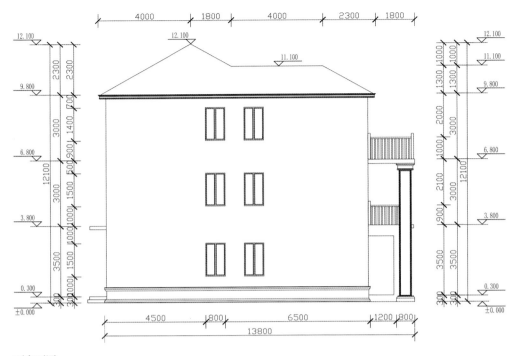

西立面图

南立面图

北立面图

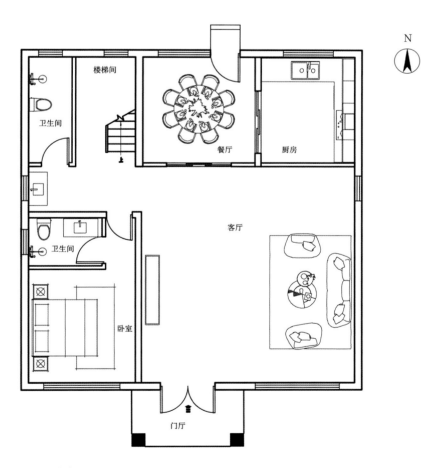

一层平面图

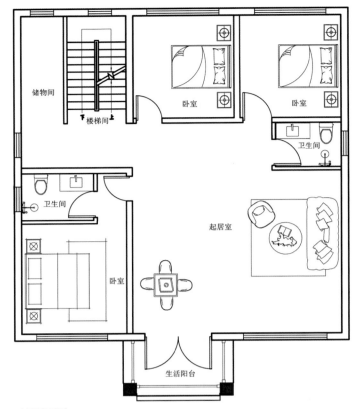

二层平面图

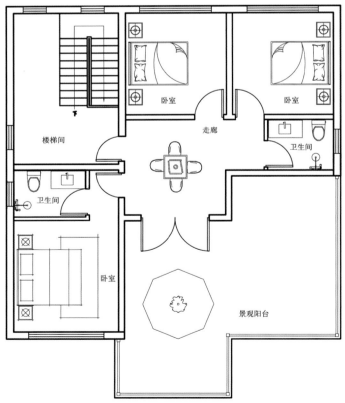

三层平面图

THREE
—
STOREY
—
VILLA
—
DESIGN

三层别墅设计

扫码观看
外观全景效果图

层数：3层

面宽：12.5 m

进深：10 m

占地面积：179 m²

建筑面积：313 m²

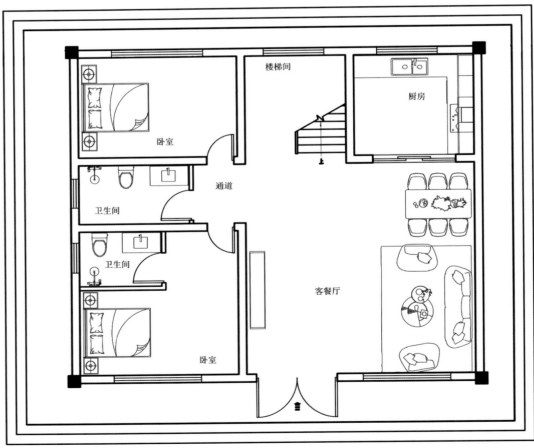

一层平面图

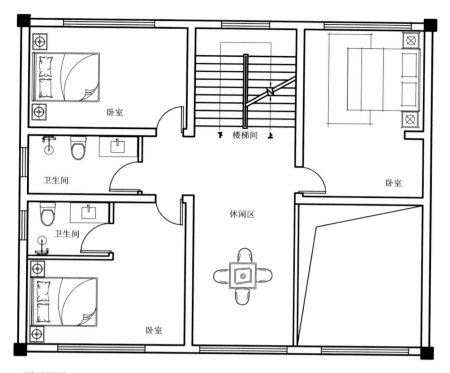

二层平面图

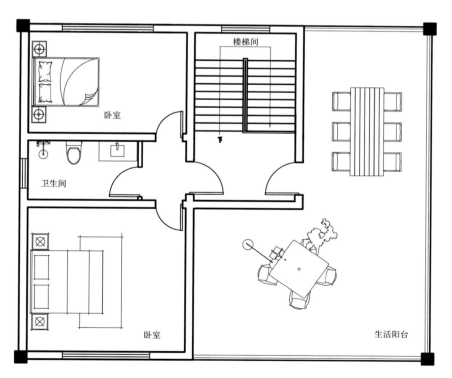

三层平面图

44

THREE

STOREY

VILLA

DESIGN

三层别墅设计

扫码观看
外观全景效果图

层数：3 层

面宽：8 m

进深：12 m

占地面积：96 m²

建筑面积：249 m²

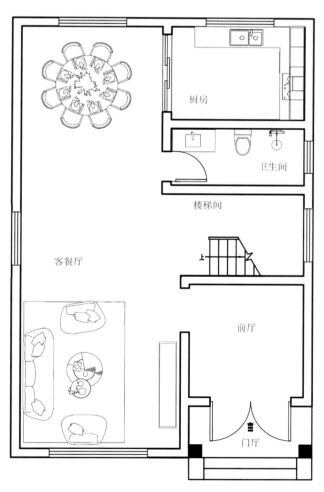

厨房

卫生间

楼梯间

上

客餐厅

前厅

门厅

N

一层平面图

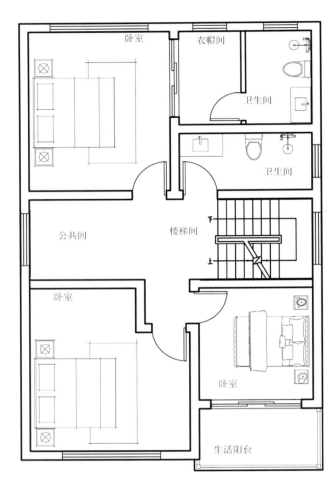

二层平面图

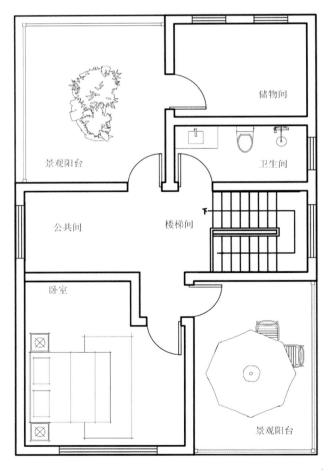

三层平面图

THREE
—
STOREY
—
VILLA
—
DESIGN

三层别墅设计

层数：3 层

面宽：14 m

进深：15 m

占地面积：243 m²

建筑面积：511 m²

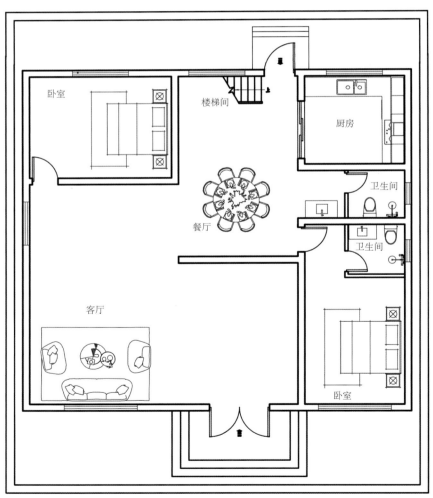

一层平面图

卧室
楼梯间
卧室
卫生间
卫生间
起居室
卧室
生活阳台

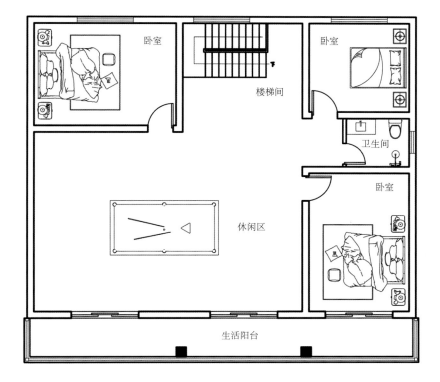

卧室
楼梯间
卧室
卫生间
休闲区
卧室
生活阳台

三层平面图

46

三层别墅设计

扫码观看
外观全景效果图

层数：3 层

面宽：15 m

进深：13 m

占地面积：153 m²

建筑面积：354 m²

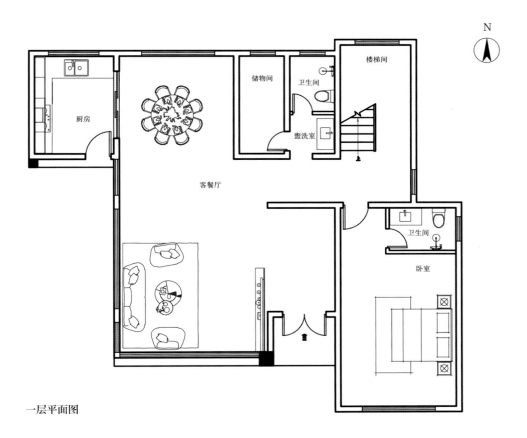

N

厨房

储物间

卫生间

盥洗室

楼梯间

客餐厅

卫生间

卧室

一层平面图

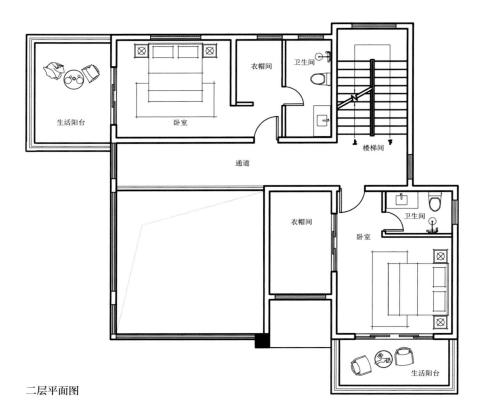

二层平面图

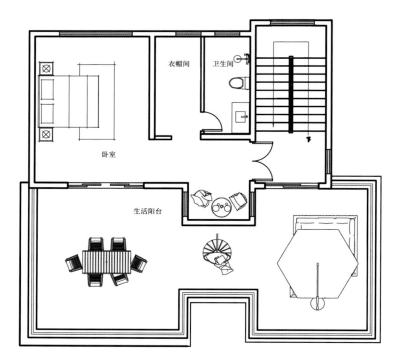

三层平面图

THREE
—
STOREY
—
VILLA
—
DESIGN

三层别墅设计

扫码观看
外观全景效果图

层数：3 层

面宽：11.5 m

进深：12.5 m

占地面积：127 m²

建筑面积：330 m²

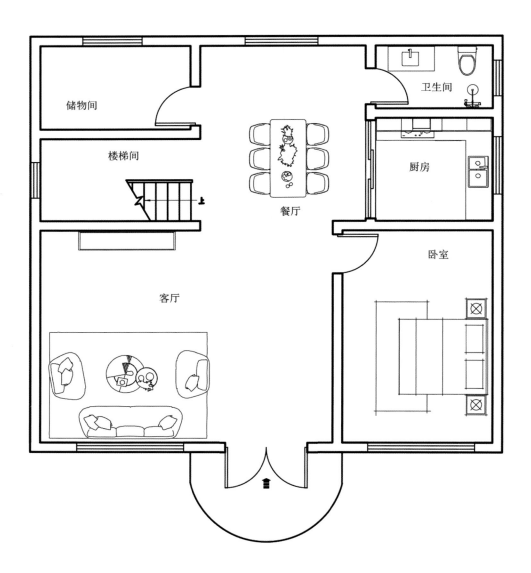

N

储物间

楼梯间

餐厅

卫生间

厨房

客厅

卧室

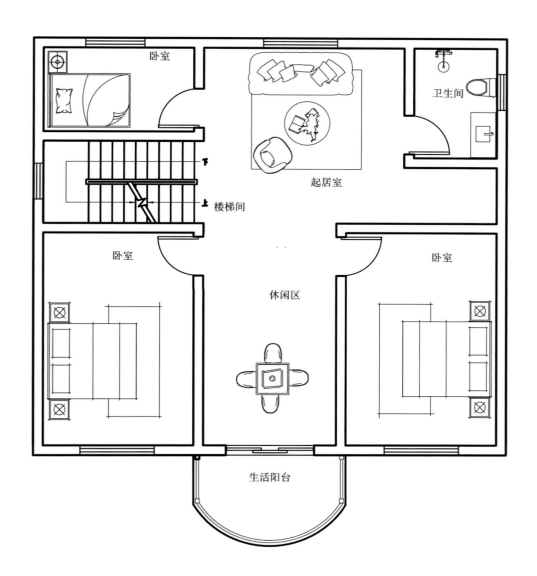

卧室

卫生间

起居室

楼梯间

卧室

休闲区

卧室

生活阳台

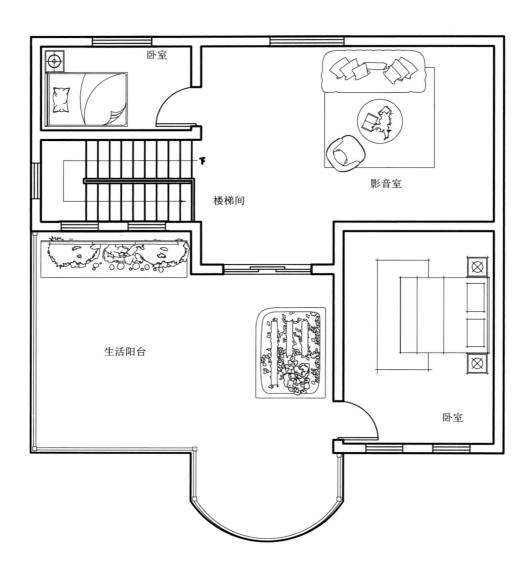

卧室

影音室

楼梯间

生活阳台

卧室

48

THREE
—
STOREY
—
VILLA
—
DESIGN

三层别墅设计

扫码观看
外观全景效果图

层数：3 层

面宽：15.5 m

进深：11 m

占地面积：131m²

建筑面积：301m²

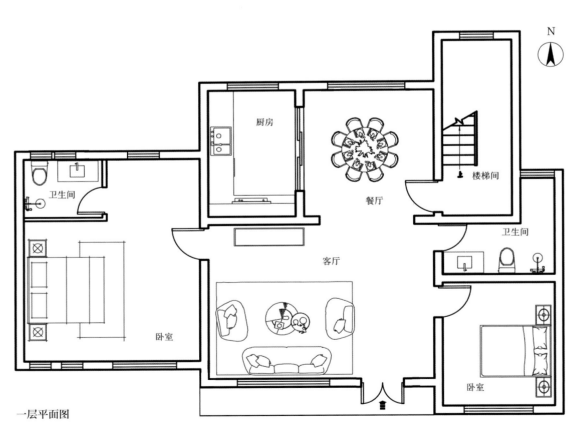

一层平面图

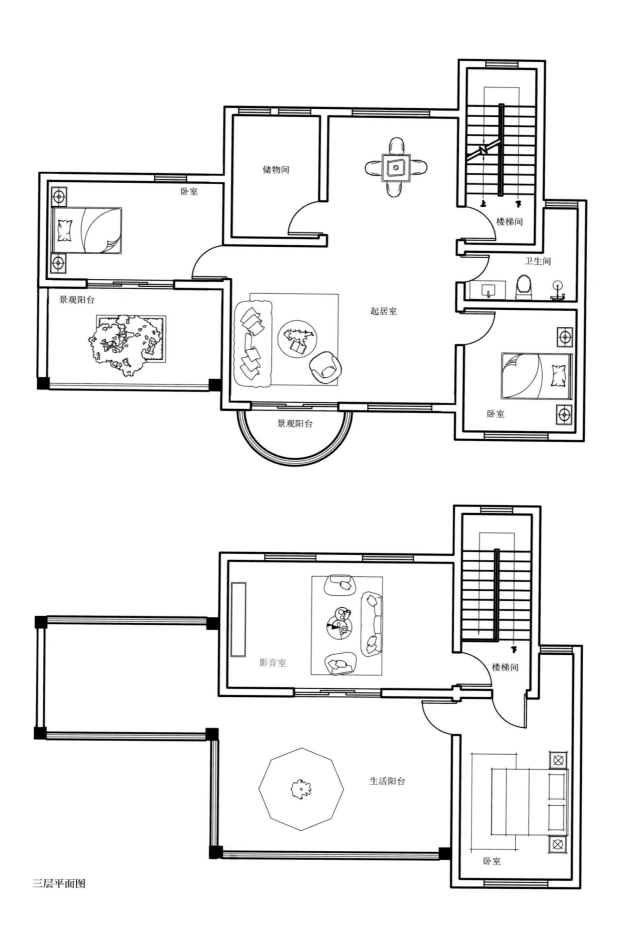

储物间

卧室

景观阳台

起居室

楼梯间

卫生间

卧室

景观阳台

影音室

楼梯间

生活阳台

卧室

三层平面图

THREE
|
STOREY
|
VILLA
|
DESIGN

三层别墅设计

扫码观看
外观全景效果图

层数：3 层

面宽：6 m

进深：14 m

占地面积：86 m²

建筑面积：187 m²

N

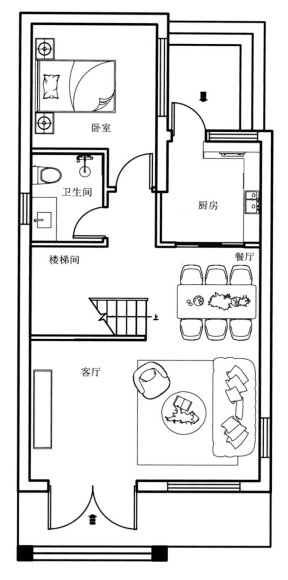

一层平面图

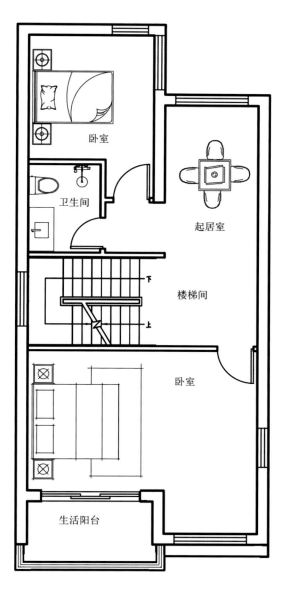

二层平面图

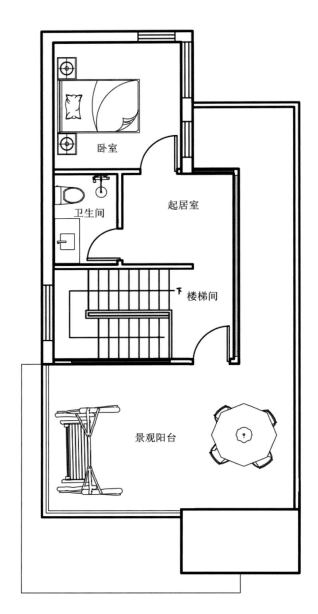

卧室

卫生间

起居室

楼梯间

景观阳台

三层平面图

50

THREE
—
STOREY
—
VILLA
—
DESIGN

三层别墅设计

扫码观看
外观全景效果图

层数：3层

面宽：9 m

进深：16 m

占地面积：152 m²

建筑面积：218 m²

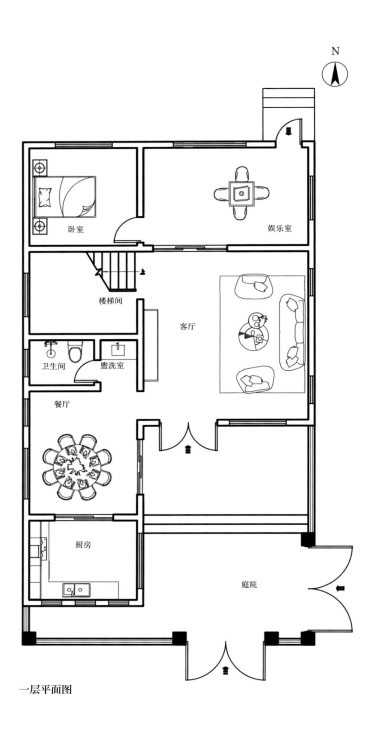

N

卧室

娱乐室

楼梯间

客厅

卫生间 盥洗室

餐厅

厨房

庭院

一层平面图

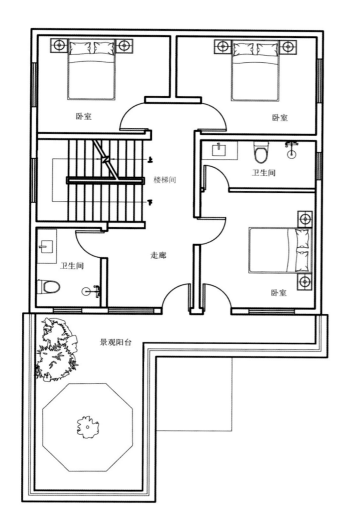

卧室　　　　　卧室

楼梯间

卫生间

走廊

卫生间

卧室

景观阳台

二层平面图

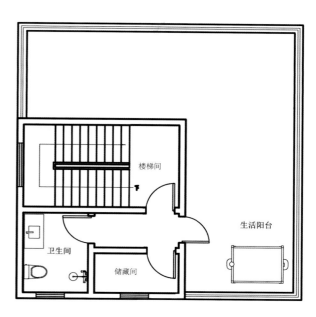

楼梯间

生活阳台

卫生间

储藏间

三层平面图

51

THREE
—|—
STOREY
—|—
VILLA
—|—
DESIGN

三层别墅设计

扫码观看
外观全景效果图

层数：3 层

面宽：15.5 m

进深：19 m

占地面积：261 m²

建筑面积：710 m²

东立面图

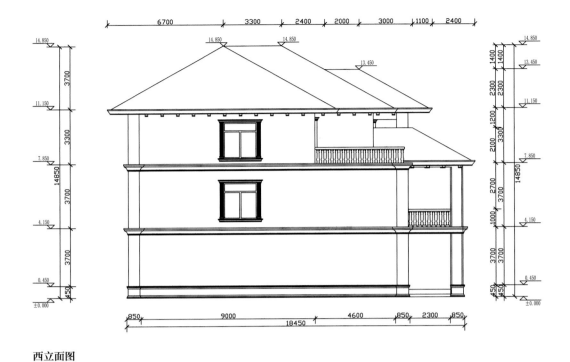

西立面图

南立面图

北立面图

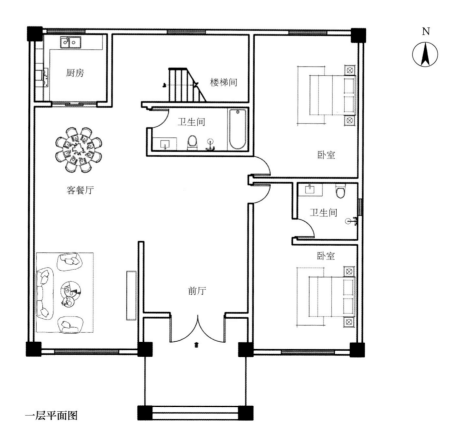

一层平面图

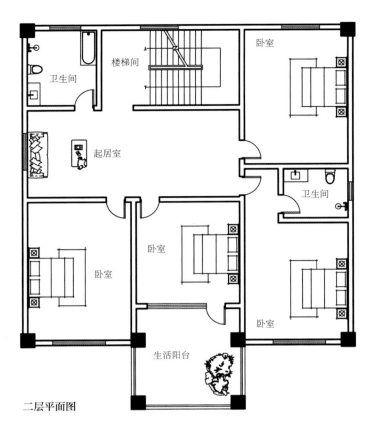

二层平面图

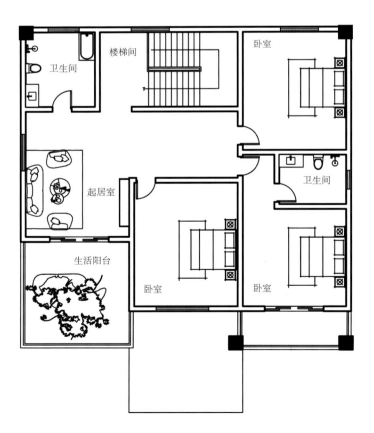

52

三层别墅设计

扫码观看
外观全景效果图

层数：3 层

面宽：17 m

进深：18m

占地面积：320 m²

建筑面积：653 m²

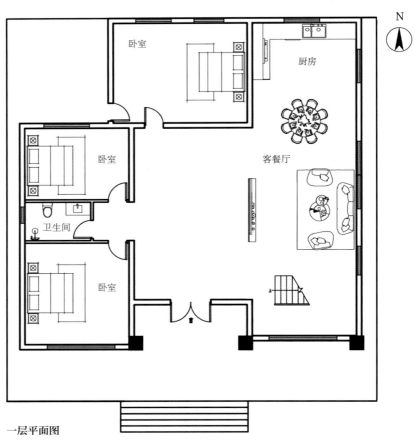

一层平面图

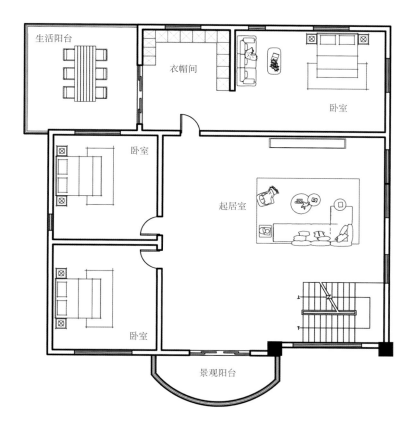

生活阳台

衣帽间

卧室

卧室

起居室

卧室

景观阳台

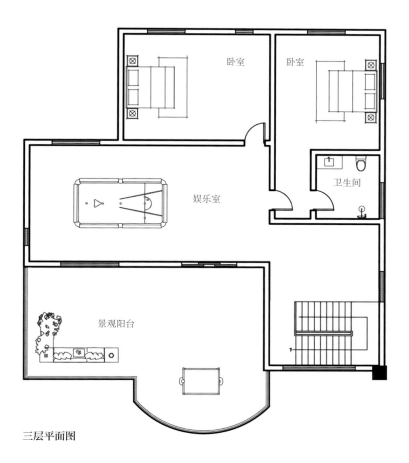

卧室

卧室

卫生间

娱乐室

景观阳台

三层平面图

53

THREE
—
STOREY
—
VILLA
—
DESIGN

三层别墅设计

扫码观看
外观全景效果图

层数：3 层

面宽：10 m

进深：9.5 m

占地面积：100 m²

建筑面积：240m²

N

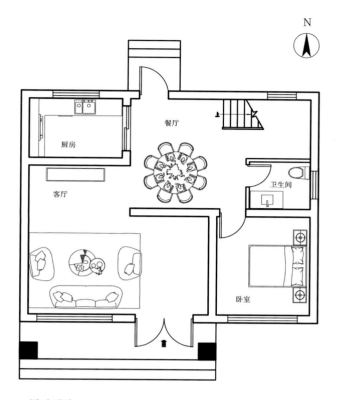

一层平面图

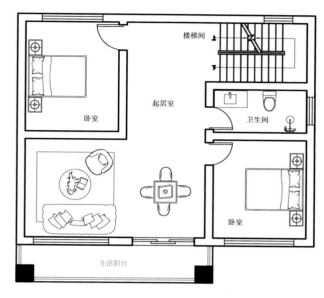

二层平面图

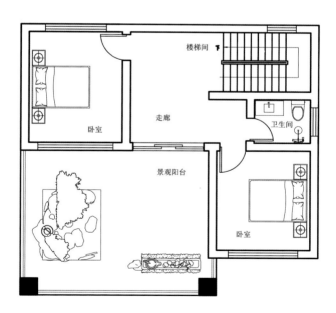

三层平面图

54

三层别墅设计

扫码观看
外观全景效果图

层数：3 层

面宽：13 m

进深：10.5 m

占地面积：136 m²

建筑面积：374 m²

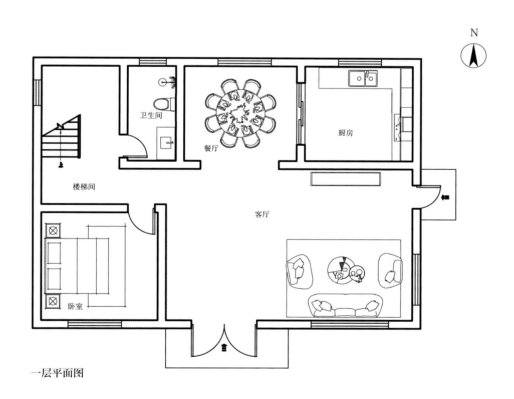

卫生间

餐厅

厨房

楼梯间

客厅

卧室

N

一层平面图

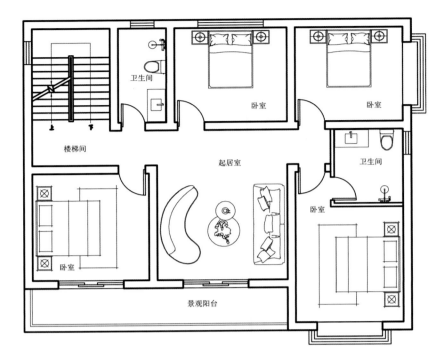

二层平面图

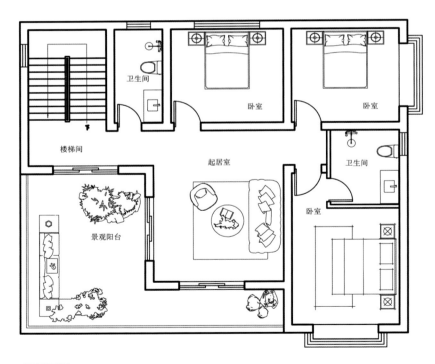

三层平面图

THREE
|
STOREY
|
VILLA
|
DESIGN

三层别墅设计

扫码观看
外观全景效果图

层数：3 层

面宽：12 m

进深：12 m

占地面积：129 m²

建筑面积：274 m²

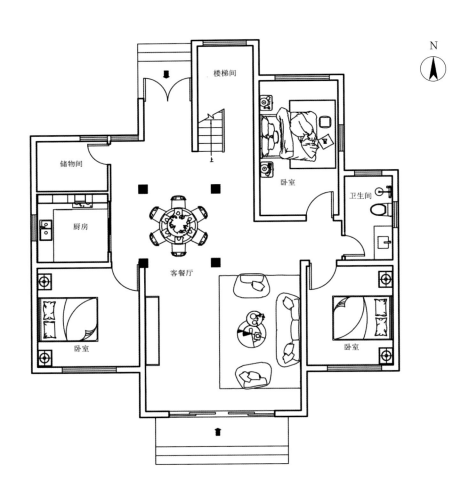

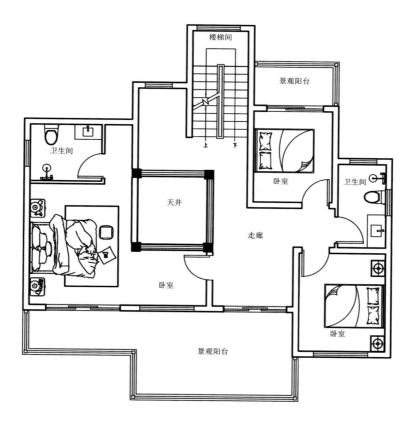

56

THREE
|
STOREY
|
VILLA
|
DESIGN

三层别墅设计

扫码观看
外观全景效果图

层数：3 层

面宽：9 m

进深：12.5 m

占地面积：107 m²

建筑面积：248 m²

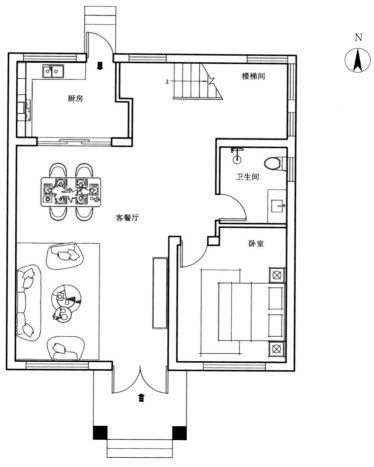

N

厨房

楼梯间

上

卫生间

客餐厅

卧室

一层平面图

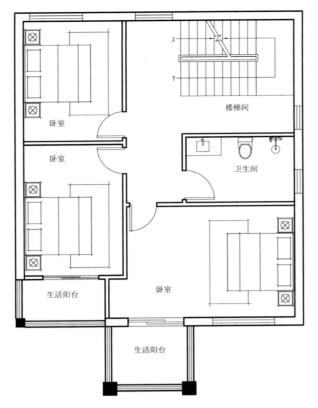

二层平面图

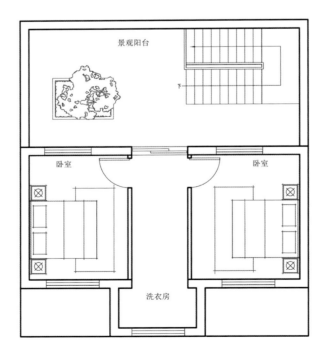

三层平面图

THREE
|
STOREY
|
VILLA
|
DESIGN

三层别墅设计

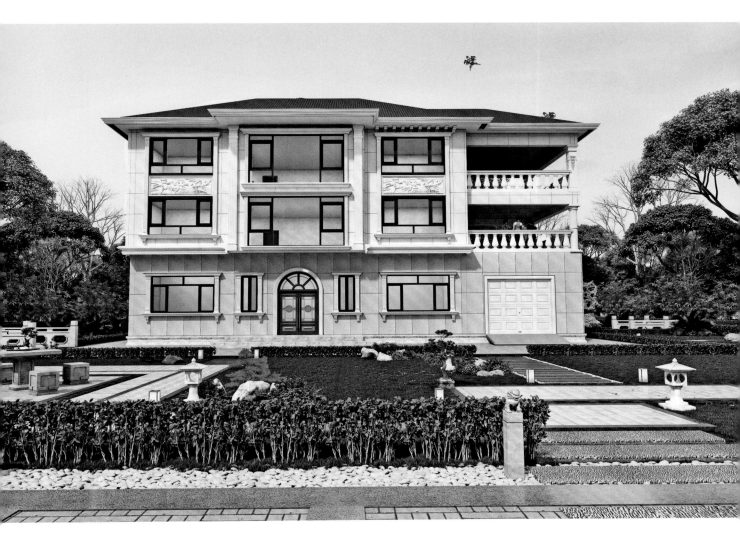

扫码观看
外观全景效果图

层数：3 层

面宽：21 m

进深：11.5 m

占地面积：195 m²

建筑面积：603 m²

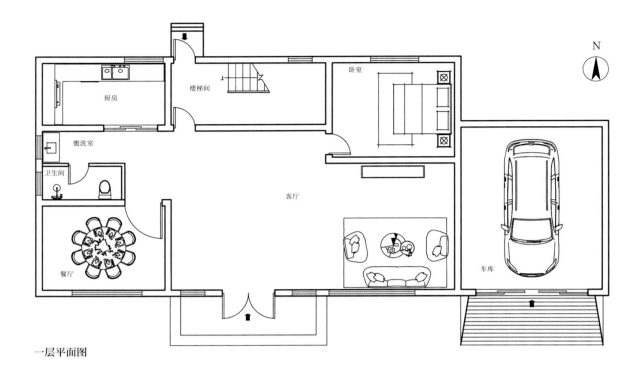

一层平面图

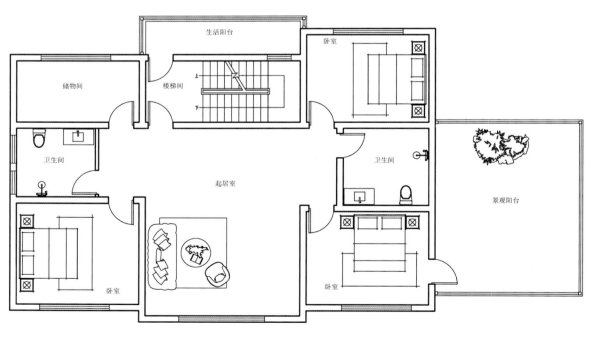

二层平面图

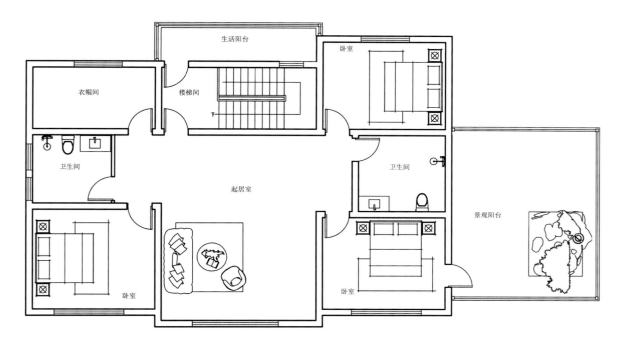

三层平面图

THREE
|
STOREY
|
VILLA
|
DESIGN

三层别墅设计

扫码观看
外观全景效果图

层数：3 层

面宽：17.5 m

进深：20.5 m

占地面积：362 m²

建筑面积：667 m²

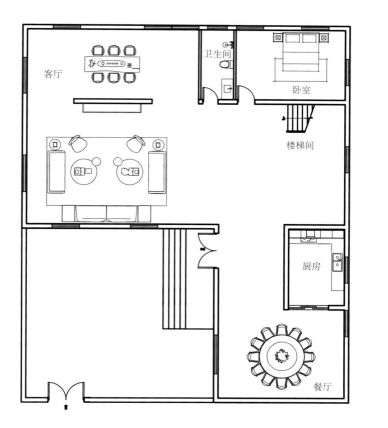

N

一层平面图

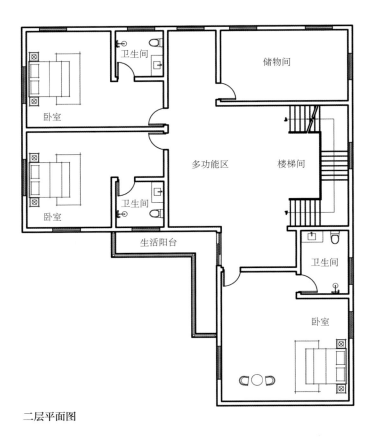

二层平面图

三层平面图

59

THREE
STOREY
VILLA
DESIGN

三层别墅设计

扫码观看
外观全景效果图

层数：3 层

面宽：9 m

进深：13 m

占地面积：111m^2

建筑面积：269 m^2

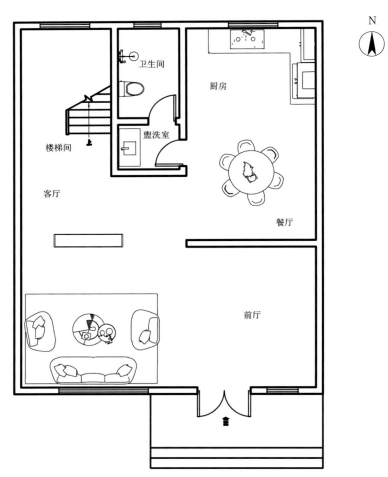

卫生间

厨房

楼梯间

盥洗室

客厅

餐厅

前厅

N

一层平面图

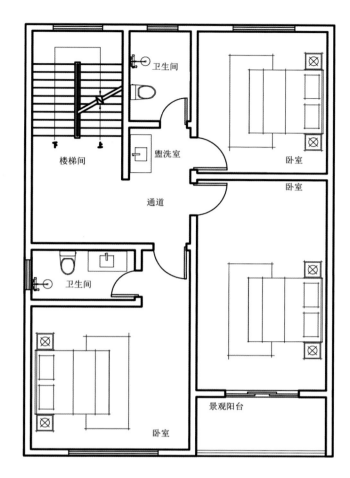

二层平面图

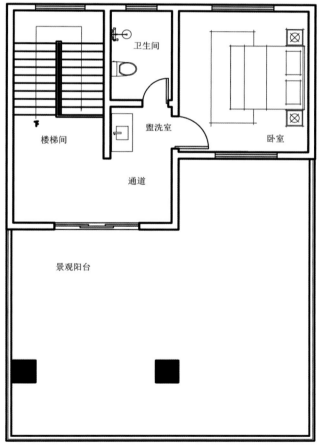

三层平面图

60

三层别墅设计

扫码观看
外观全景效果图

层数：3 层

面宽：12 m

进深：10 m

占地面积：124 m^2

建筑面积：328 m^2

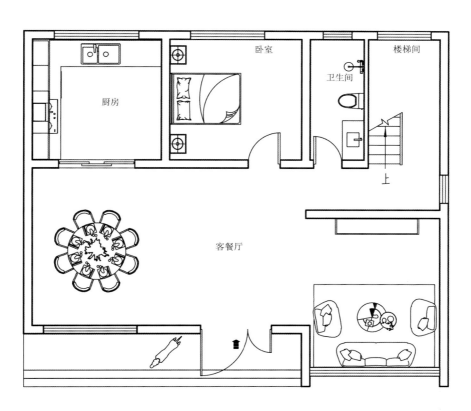

厨房

卧室

卫生间

楼梯间

上

N

客餐厅

一层平面图

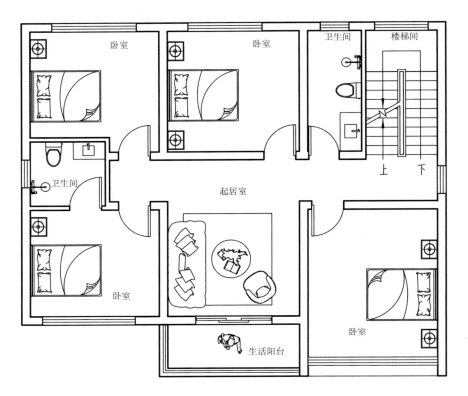

二层平面图

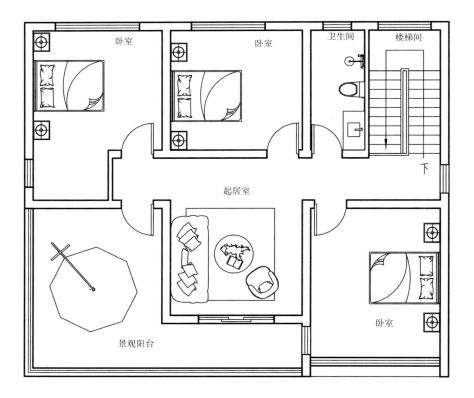

三层平面图